Bibliografische Information der Deutschen Nationalbibliothek:

Die Deutsche Bibliothek verzeichnet diese Publikation in der Deutschen National-
bibliografie; detaillierte bibliografische Daten sind im Internet über http://dnb.d-
nb.de/ abrufbar.

Impressum:

Copyright © 2019 GRIN Verlag
Druck und Bindung: Books on Demand GmbH, Norderstedt Germany
ISBN: 9783668994539

Dieses Buch bei GRIN:

https://www.grin.com/document/493298

Michel Felgenhauer

Amerkungen zur Theorie fluidmechanischer Hydro-Copter

GRIN Verlag

Amerkungen zur Theorie fluidmechanischer HydroCopter
Some Thoughts about Hydro-Copters

Natürlich werden wir nicht Foilen. Wir werden auch nicht Hoovern. Ja, wir werden nicht einmal Surfen. Zumindest ich nicht. Gerade letzte Woche sah ich Jan. Jan hätte wohl damals als mein großes Vorbild gelten können, als ich vor rund dreißig Jahren meinen Surfschein machte. Besser gesagt, dazu genötigt wurde. Neben Paula, tiefbassiges Bayrisch sprechend, für zwei Wochen meine Surflehrerin und sehr nett, gab es dort besagten Jan, die lokale Surfikone. Wir, meine Familie, sprich: meine eigenen und meine beiden Ersatzkinder hatten ein erstaunlicherweise sehr hartnäckiges und vitales Interesse daran, den Vater in seinem abgewetzten Second-Hand-Neoprenanzug gequetscht — preisgünstig aber zwei Nummern zu klein, noch heute existieren Schmähwitze, die sich im Refrain auf „Leberwurst" reinem — in die vorderste Reihe der Anmeldetheke für Anfängerkurse der Surf-Akademie Sankt-Peter-Ording zu schieben. Erst später begriff ich, Epimetheus ähnlich, fortan für das Ausleihen von Surfmaterial zuständig zu sein. Dieses vorschnell und unachtsam erworbene Privileg war ein cleverer Zug meiner Youngsters und hatte natürlich auch eine monitäre Komponente; ich liebe Euch. Surfen in Sankt-Peter heißt: über Wochen glatter, auflandiger Wind, das ist gut; aber auch Welle. Zum Segeln ja, aber für das Surfen oder besser „zu dem Surfen" bin ich wenig geeignet, will sagen: die Welle ist meinem auf dem Surfboardstehen sein Feind. Genau an dieser Stelle kommt Jan ins Spiel. Während der damals noch beinahe gelenkige Binnenmann um sein Leben kämpft, wird er von besagtem Jan, alias SuperJan, mit einer nicht zu übertreffenden Eleganz und Lässigkeit, elastisch und affektiert! aber ja, elfengleich umkurvt, umrundet, betrachtet, mit einem Kopfschütteln bedacht und verdammt; ein hoffnungsfreier Fall fürwahr, denn Wende, Halse und erst recht Jans Powerhalse, kannst du ja nur im Stehen lernen, wozu es aber zuerst einmal kommen muss. Erst spät begriff ich, wie wichtig für einen Anfänger eine genügend große Segelfläche ist; ich dachte es sei umgekehrt.
Wir trafen uns auf den Pfahlbauten der ehemaligen Surf-Akademie, erkannten einander. Vielleicht. Jan, oder der den ich dafür hielt, ist inzwischen ein welker, alter Mann, der immer noch böse guckt und schwerfällig über die Tropenholzbohlen schlurft. Aber mir geht es ja auch nicht besser. Nichtsurfend rangiere ich gerade eben noch im Bereich der 1kN-Klasse, was allerdings für Überschlagsrechnungen und andere theoretische Überlegungen über das Surfen vorteilhaft ist. Paula war zum Glück nicht da.

Michel Felgenhauer, Berlin im Sommer 2019

Rotationsflügelaggregat zur Anmontage an kleine Seefahrzeuge

Unsere Aufmerksamkeit richtet auf ein vertikal wirkendes fluidmechanisches Aggregat mit Rotationsflügel zur Anmontage im Unterwasserbereich kleiner Seefahrzeuge und beschreibt einen Autogyro-Hydro-Antrieb mit Repeller. Kleine Seefahrzeuge sind Wake- und Surfboards, Segelsurfboards und Jollen. Der Rotationsflügel des Autogyro-Hydro-Antriebs ist zweiarmig und seine Arbeitstragflächen sind freilaufend. Im Betrieb, bei Bewegung des Seefahrzeugs in Fahrrichtung und durch geeignete Anströmung gerät der Rotationsflügel autonom, passiv und zwangsläufig in Eigenrotation (Autogyroprinzip). Er produziert eine Auftriebskraft, die senkrecht auf der Rotationsebene des Drehflügelsystems steht. Das vertikal wirkende Drehflügel-Aggregat (nachfolgend „Hydro-Copter genannt) entspricht seitens seiner Anwendung und in seiner Betriebsweise einem so genannten Hydrofoil zur Anmontage an Segelsurfboards und Jollen vom Stand der Technik und dient der vertikalen Querkrafterzeugung im Unterwasserbereich.

Der Hydro-Copter ist fluiddynamisch als Arbeitsmaschine betreibbar und die vom Seefahrzeug in Bewegung erzeugte (Auftriebs-) Querkraft des Rotationsflügels des Autogyro-Prinzips Hydro-Copters wird zum (vertikalen) Anheben des Seefahrzeugs genutzt. Generell ist ein Hydro-Copter geeignet, im Zusammenwirken mit einem Surfboard und einem Surfsegel vom Stand der Technik ein mobiles Gesamtsystem abzubilden; der Hydrocopter bleibt dabei ein Volltaucher. Für die Dimensionierung des Rotors des Hydro-Copters ist eine vereinfachende Theorie angegeben.

Abb. 1: Schematische Darstellung eines Hydro-Copters zur Anmontage an ein Segelsurfboard.

TER	Terminal (Finnen~)
R	Rotor
WP	Pylon
SAI	Surfsegel
BRD	Segel-Surfboard

KWL	Konstruktionswasserlinie
HWL	Betriebswasserlinie
SDP	Segeldruckpunkt
GSP	Gewichtsschwerpunkt
EROT	Rotationsebene

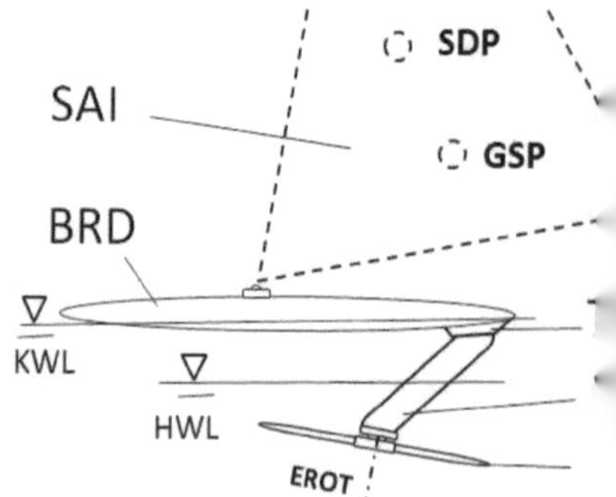

Vereinfachende Hydro-Copter-Theorie.

Der rotierende Tragflügel sei Teil eines Rotationssystems und im Bereich des Unterweasserschiffes eines Seefahrzeugs montiert. Der rotierende Tragflügel liefert eine Vertikalkraft immer dann, wenn er mit einem gegebenen Profil und einem Anstellwinkel zur Hauptbewegungsrichtung des Seefahrzeugs in einer Strömung arbeitet. (1) Der rotierende Tragflügel ist somit eine Arbeitsmaschine, deren verkale Liftkomponente von der hauptsächlichen Arbeitsspielfrequenz, der Rotordrehzahl, abhängt. Die Drehbewegung des Rotationssystems stammt aus der intermittierenden Anströmung der Tragflügel in Hauptbewegungsrichtung des Seefahrzeugs. (2) Der rotierende Tragflügel ist somit eine Kraftmaschine. Bezüglich des Gesamtsystems befindet sich der Rotor im Freilauf. Gegenüber der Hauptströmungsrichtung erfährt das Fahrsytem einen (Friktions-) Widerstand. Die physikalischen Wirkmechanismen eines Auto-Gyro-Systems sind reichlich komplex. Beide Sichtweisen (1) und (2) spannen ein physikalisch-phänomenologisches Dilemma auf; ein Dilemma, dem man sich gerne auf einer semantischen, besser noch narrativen Ebene entziehen möchte. Kann es so etwas überhaupt geben? Eine sowohl Kraft- als auch Arbeitsmaschine?
Aber ja, natürlich. Jeder schlagende Vogeltragflügel, jede segelnde Tragfläche sogar jeder technische Tragflügel in Betrieb besitzt Energie ein- und entkoppelde Anteile, ist ein solches Sowohl- alsauch-System in Reinform. Auf einer abstrakten Ebene gilt das nicht nur für gleichförmig translative Tragflügelbewegungen, sondern auch für Rotoren. Der Bezug zur belebten Natur und auf diesem Weg auch zur wissenschaftlichen Bionik gelingt auf der Suche nach und vor dem Hintergrund möglicher Gestaltungsprinzipien allerdings nicht oder nicht direkt. Ein bis heute nicht gut untersuchtes biologisches Rotationsflugsystem ist der Ahornsamen. Sein komplizierter girlandenförmiger Rotationsflug bildet (in erster Näherung) zwei aufeinader superpobnierte Rotationsbewegungen ab. Bekanntlich ist der symmetrisch aufwachsende Ahornflugsamen ja erst dann ein flugtaugliches System, wenn er sich von einem Schwesterntragflügel trennt und sich als adultes Wesen von Stiehl und Mutterbaum löst. Dazu ist vielleicht die eine oder andere Böe notwendig. Im Flug beginnt dann irgendwann die Rotationsbewegung. Aha, das kommt uns jetzt aber bekannt vor. Die Rotationsbewegung des Ahornsamens erfolgt passiv als Reaktion auf eine Strömung aus vorteilhafter Richtung. Es ist ein Autogyro-Prozess. Was nun geschieht, gehört zu den eher schlecht untersuchten fluidmechanischen Phänomenen in der belebten Natur und der Welt der Artefakte ohnehin. Formal schneidet der einarmige Tragflügel in seinem rotativen Sinkflug eine schraubenförmige Wirbelspule in ein, durchaus

als bewegt anzusehendes, Fluid. Diese eingängige spiralförmige Wirbelspule induziert nach dem Gesetz von Biot und Savart an beliebigen so genannten Aufpunkten im gesamten Masse durchflossenen Querschnitt im Innern (der Wirbelspule) Geschwindigkeiten, die starke W-Komponenten enthält. In der Lagrang'schen Betrachtungsweise (U-V-W-System) steht die W-Komponente einer induzierten Geschwindigkeit senkrecht auf der U-V-Ebene des erzeugenden, des induzierenden, Ringwirbels. Die W-Komponenten, stellen als Modellvorstellung und farblich markiert, den generierten Volumen- und Massenstrom durch die Erzeugendenebene dar. Wie ein Jet – allerdings von geringer Strahkraft – bildet sich auf diese Weise eine Strömung aus, die dem aus der Gavitation herrührenden Sinkbewegung entgegenwirkt. Dies ist nun für den Einen erstaunlich, für den Anderen nicht. Gerne werden an dieser Stelle der Argumentation die Katastrophenmeldungen zitiert, die uns zu Hubschrauberabstürzen aus geringer Flughöhe erreichen: Wäre der Helikopter nich 30 sondern dreihundert Meter hoch geflogen, hätte das Flugsystem und damit der Pilot, getragen durch den Autogyro-Effekt, das Unglück unbeschadet überstanden. Die rotative Sinkbewegung des Ahornsamens wird in unbewegter Strömung also nur verrigert, nicht aufgehoben. Sobald der Wind aber überwiegend horizontale Anteile enthält - und das sollte er, selbst in einem unglücklichen Modellansatz – treffen wir ein Strömungsszenarium an, wie wir es nunauch für unseren Hydro-Copter ansetzen mögen. Genau dieses Szenario ist die biologische und evolutive Idee des Samenfluges. Die physikalischen Wirkmechanismen sind also riechlich verzwickt. Man stelle sich das jetzt alles auch noch im Wasser vor. Auf der abstrakten Ebene einer energetischen Analyse aber auch aufgrund praktischer Überlegungen enthält dort das komplexe Auftriebsgebaren des Hydro-Copters, dieser sowohl Kraft- als auch Arbeitsmaschine, ebenfalls eine miteinander verschränkte Wechselwirkung antreibender Anteile (Propeller) und passiv getriebener Anteile (Repeller); und die schlechte Nachricht ist: es gibt keine Theorie des hydrodynamischen Autogyrosystems.

In der Literatur für aerodynamische Gyrocopter [DUD-12][1] wird die vertikale Autorotation des Rotorsystems mit einem Zweizonen-Modell (regions of dreiving and driven aerodynamic Forces) modelliert. Ich halte dieses Modell für keine glückliche Wahl. Gleichsam räumte Dudas Ansatz einige systematische Ungereimtheiten aus dem Weg, an denen Dimensionierungsversuche gelegentlich scheitern können; wir werden das weiter unten sehen.

---

[1] Holger Duda, Insa Pruter (2012) FLIGHT PERFORMANCE OF LIGHTWEIGHT GYROPLANES, in 28TH INTERNATIONAL CONGRESS OF THE AERONAUTICAL SCIENCES , German Aerospace Center, Institute of Flight Systems, Braunschweig / holger.duda@dlr.de ; insa.pruter@dlr.de

Abb. 2: Zweizonenmodell für ein aerodynamisches Gyrocopter-Flugsystem nach
Duda.

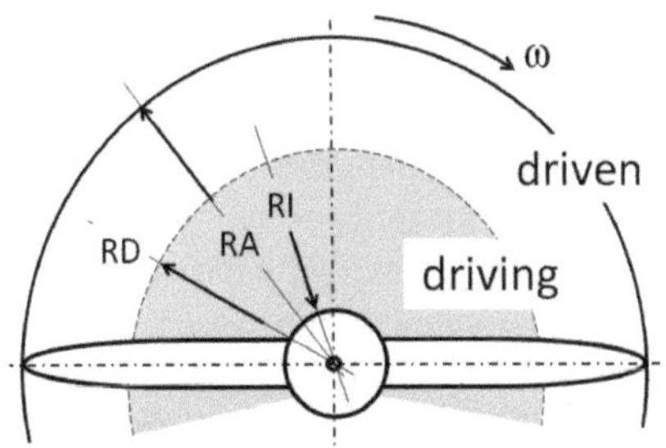

RA   Aussendurchkmesser des Rotorsystems
RI   Nabe des Rotors
RD   Wirkradius des „antreibenden" Rotors
ω   Winkelgeschwindigkeit,
    Arbeitsfrequenz, Drehrichtung

Die um ein virtuelles Zentrum kreiselnde Komplexbewegung des Ahornsamens werden wir im Hinterkopf behalten für den Tag, an dem wir boumerangartige Rotationssysteme als Antriebe für Hydro-Copter untersuchen wollen. An unserem Ort zielen die Überlegungen zunächt auf die Ermittlung einer (Quasi-) Liftkraft, die aus der passiven Rotation des Tragflügelsystems resultiert. Ich stelle mir vor: Ein über die Wasseroberflche „hooverndes" Fahrsystem befindet sich in einem dynamischen Gleichgewichtszustand, der in erster Näherung aus der Äquivalenz von Auftrieb und Gewichtskraft in Zusammenspiel mit den Widerstandskräften, den translativen des Fahrsystems sowie den rotatorischen des Liftsystems resultiert. In einem verfeinertem Modell wird der Gewichtsschwerpunkt des bemannten Systems, der dynamische Segeldruckpunkt der antreibenden horizontalen Segelkraft und das dynamische Vertikalkraftgeschehen um das Auto-Gyro-System Hydro-Copter beschrieben (werden).

RI	Innenradius		m
RA	Aussenradius		m
RW	Wirkradius	RW = 0.5 .. 0.7 RA	m
AR	wirksame Repellerfläche	$AR = \pi\,(RA^2 - RI^2)$	m^2
n	Drehzahl		s^{-1}
ω	Winkelgeschwindigkeit	$2\,\pi\,n$	s^{-1}
v_T	Tangentialgeschwindigkeit (Flügel~)	$\omega\,R$	$m\,s^{-1}$
v_{T07}	Tangentialgeschwindigkeit (Ersatz~)	$\omega\,RW$	$m\,s^{-1}$
v_∞	Geschwindigkeit (Schiff ~)		$m\,s^{-1}$
v_S	Geschwindigkeit (resulierende Schein~)		$m\,s^{-1}$
ρ	Dichte		$kg\,m^{-3}$
A	Anstellwinkel		
c_L	Liftbeiwert, Profil		
L	Liftkraft	$L = \rho/2\,c_L\,A\,v_R^2$	N

Tragflügel arbeiten mit dem so genannten „scheinbaren" Wind; er setzt sich zusammen aus einem Massenstrom der eine (System-) Anströmung mit der Geschwindigkeit v_∞ und eine lokalen (Tangential-) Geschwindigkeit v_T am Rotortragflügel, die aus der Drehbewegung stammt. Im Fall des Hydro-Copter werden lediglich die horizontalen Anteile der vektoradditiven Komponenten der scheinbaren Geschwindigkeit v_S betrachtet. Würde das Auto-Gyro-System des Hydro-Copter einfach nur rotieren, ließe sich in einem über den Rotor differenzierenden Schnittmodell (Mittelschnittverfahren) mit der lokalen Tangentialgeschwindigkeit ein Liftkraftverlauf über den Rotationstragflügel angeben. Unter der Voraussetzung, dass die Form für die Liftkraft nach Prandtel $L = \rho/2\ c_L\ A\ v_R^{\,2}$ [N] gilt und die Kennung $c_L = F(\alpha)$ des Tragflügelprofils (des Querkraft- oder Liftkoeffizienten) bekannt sei, ist die wirksame Anströmgeschwindigkeit gerade die lokale, aus der Rotation herrührende, Tangentialgeschwindigkeit an der Tragflügelvorderkante. Da die Rotation des Tragflügels aus der horizontalen Anströmung des Auto-Gyro-Systems stammt, soll die horizontale (System-) Anströmgeschwindigkeit v_∞ in erster Näherung nicht unberücksichtigt bleiben.

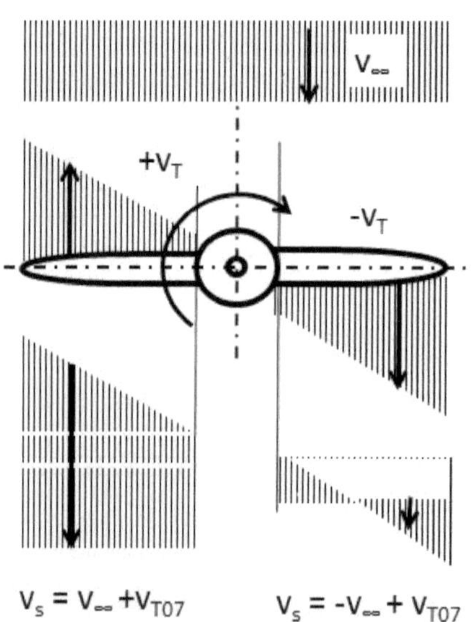

Abb.3:
Superposition der Geschwindigkeits-komponenten an einem in Hauptfahr-richtung bewegten Rotationssystem. V_{T07} sei eine (Ersatz-) Geschwindigkeit an einem Wirkradius RW = 0.7 RA.

In Rotation und in der Lagrang'schen Betrachtungsweise sind die linke (backbordseitige) Rotorenhälfte und die rechte (steuerbordseitige) von den Rotorenüberstrichene Flächen zunächt energetisch gleichwertig. Erst eine gemeinsame Beströmung mit der scheinbaren Geschwindigkeit v_∞ führt auf ein laterales System.

Aus rein   geometrischen Gründen variiert die resultierende, scheinbbare Geschwindigkeit v_R bei gleichmäßiger Rotation des Tragflügels einerseits entlang der Tragflügelkante mit dem Radius R des Angriffspunktes, andererseits ändert sich (aus der Lagrang'schen Sicht des Rotors) die Richtung der System-

Hauptgeschwindigkeit kontinuierlich. Bei unserem - nachfolgend rechtsdrehend angenommenen - Rotor addieren sich also backbordseitig (Lagrange: links) die Geschwindigkeitskomponenten aus System- Anströmgeschwindigkeit v_∞ und Tangentialgeschwindigkeit an der Tragflügelvorderkante, steuerbordseitig (Lagrange: rechts) vermindert sich die Tangentialgeschwindigkeit um den vektoriellen Betrag der System- Anströmgeschwindigkeit v_∞. Bei hohen Drehzahlen n überwiegt der rotatorische Anteil an der Tragflügelkante und die horizontale Komponente aus der System- Anströmgeschwindigkeit ist rezessiv. Die Winkelgeschwindigkeit ω am Rotationssystem ist gegeben mit $\omega = 2\pi n[s^{-1}]$. Gleichwohl ist die über ein „Arbeitsspiel" übermittelte Liftleistung (harmonisch) intermittierend, was ein perodisches Kippmoment (Rollen) zur Folge hat: die Maschine „pumpt". Aus rein geometrischen Überlegungen heraus wissen wir: der Wurzelbereich des Rotationsflügels trägt nur geringfügig zum Querkraftgebaren des Systems bei; wir ersetzen ihn durch eine Scheibe, was auch gestalterische Vorteile mitsich btringt. Um Startwerte für eine erste Geometriefestlegung zu gewinnen, betrachten wir die Tangentialgeschwindigkeit an einem Ort der 70% des Radius der Tragflügelspize des Rotors beträgt.

Winkelgeschwindigkeit	$\omega = 2 \cdot \pi \cdot n$	Hz, s^{-1}
Wirkradius	$RW = 0.7 \cdot RA$	m
Tangentialgeschwindigkeit (Ersatz~)	$v_{T07} = \omega \cdot RW$	m s^{-1}

Das oben erörterte Dilemma der Gleichzeitigkeit der Wirkungen aus von Kraft- und Arbeitsmaschine, die uns in frappierender Weise an die fluidmechanische Wechselwirklichkeit biologischer Systeme erinnert, zeigt seine Brisanz in der Abwesenheit gesicherter Informationen über die Dynamik des freilaufenden Rotationssystems, respektive seiner Arbeitsspielfrequenz n [Hz].
Der entscheidende Parameter aller fluidmechanischen Antriebsysteme ist die so genannte „effektive fluiddurchströmte" Fläche A_{EFF}. Wie wir bei hochoptimierten Kampfjets sehen, ist die Fluid-Austrittsfläche der Gasturbine in der Regel nur geringfügig kleiner als der größte Rumpfquerschintt des Systtems; nicht selten gilt das auch für das Lufteintrittssystem, obwohl hier Strömungs- und die Geometrieparameter komplizierter ineinander verwoben sind. Im Falle des Hydrocopters ist die effektive fluiddurchströmte Fläche gerade die vom Rotorsystem überstrichenen ringförmige Propeller/Repeller-Fläche.

Die wirksame Repellerfläche	$AR = \pi \cdot (RA^2 - RI^2)$	m^2

Modellieren wir nun ein reales Szenario, in dem der rotierende Tragflügel Teil eines Rotationssystems ist und im Bereich des Unterweasserschiffes eines

Seefahrzeugs montiert sei und untersuchen nachfolgend die Geschwindigkeits-verhältnisse ebendort.

In jüngster Vergangenheit lesen wir viel über das Foilen beim Segelsurfen. Schon gibt es Überlegungen zu Surf-Foil-Regatten. Was aus der Sicht der Sportler konsequent sein mag, ist aus der Sicht der Konstrukteure nicht selten das Ende eines Wettstreits der Konzepte. Aber noch ist es nicht soweit. Das ktuelle Surf-Magazin (6, Juni 2019) stellt Surf-Foil-Systeme unterschiedlicher Herstellen gegenüber. Das Grundkonzept ist in etwa gleich, doch unterscheiden sich die Systeme in einigen Details.

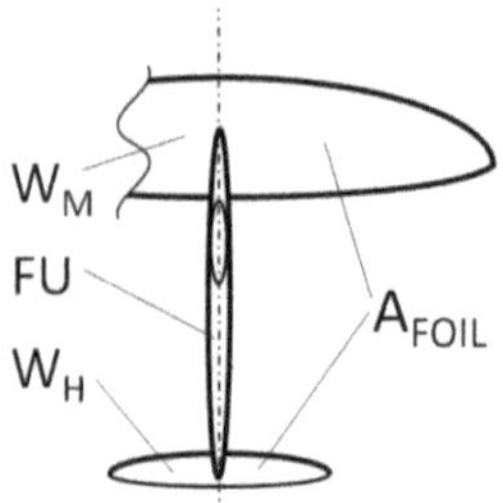

Abb.4:
Schematische Darstellung eines Surf-Foil-Tragflächensystems mit Hauptflügel W_H, dem stabilisierenden Leitwerk W_H und dem Rupf FU (Fuselage) in der Draufsicht. Die gesamte wirsame Tragflügelfläche bemisst sich bei allen rezenten Segelsurfsystemen in einer der Größenordnung um $A_{FOIL} < 0.2\ m^2$.

Surffoils im Betrieb besitzen eine offensive Performance. Wie bei anderen Sportarten ist, was unglaublich einfach aussieht in der Praxis schwierig und nicht ohne eine gewisse Akrobatik zu realisieren. But it works. Ganz offenbar rangiert die Entschlossenheit und das Motiv Hydro-Copter zu entwerfen in einem ähnlichen oder sogar demselben fluidmechanischen Wechselwirkungs-umfeld gleicher Größenordnung. Da ich von Surfboards reichlich wenig verstehe, sitze ich gedanklich auf meiner kleinen Rennjolle und beobachte die Geschwindigkeitsentwicklung auf einem raumigen Kurs. Die LASER-Jolle gleitet bei einer Geschwindigkeit[2] von etwa 7 [kn] auf. Das ist auch etwa die Geschwindigkeit, ab der das Foilen mit einem modernen MOTH-Segelkanu dem Profi sicher gelingt und recht wahrscheinlich liegen wir bei foilenden Segelsurf-Systemen in einem ähnlichen Geschwindigkeitsbereich, eher vorteilhafter. Gleichsam wissen wir nichts über die möglichen Drehzahlen eines freilaufenden Rotorsystems in der Strömung und damit nichts über die lokalen (Tangential-) Geschwindigkeiten v_T am Rotortragflügel, die aus der Drehbewegung des Tragflügels stammt. Deshalb betrachten wir das Rotationssystem für eine kurze

---

[2] Geschwindigkeit [kn] = Anzahl der Meridiantertien [mtr]/gemessene Zeit [s] //60 Bogensekunden entsprechen einer Bogenminute, damit einer Seemeile (1 Seemeile = 1852 m, auf ganze Meter gerundet, nach DIN keine gesetzliche Maßeinheit). Ein Knoten ist die Geschwindigkeit von 1 Seemeile pro Stunde.

1 Meridiantertie [mtr] = 1 Sekunde [s] * 1 Knoten [kn] = 1 Sekunde [s] * 1852 m / 3600 s.

1 Knoten [kn] = 0.51444444 m/s, also 1 Knoten [kn] = 1 Meridiantertie [mtr] / 1 Sekunde [s] = 0,514 m/s

Überlegung aus einer anderen Perspektive. Angenommen, wir wollen eine reales starres Tragflügelsystem eines modernen Hydrofoil – nennen wir es vielleicht an dieser Stelle ein „stationäres" Tragflügelsystem – durch ein dynamisches „Rotationstragflügelsystem" ersetzen, so gehen wir in erster Näherung davon aus, dass die oben bezeichnete durchflossene Fläche nicht kleiner sein sollte, als die wirksame Fläche des (Haupt-) Tragflügels des inzwischen tradierten Hydro-Foil-Konzepts. Für Segelsurfboards hat sich – nach Sichtung von Produkten etlicher Hersteller – offenbar eine erforderliche maximale Tragflügelfläche von A_{FOIL} < 0.2 m^2 herausgemendelt[3]. Die (theoretische) physikalische Wirksamkeit evaluieren wir mit einer kleinen Handrechnung. Die von einem Rotor überstrichene mindest-Kreisfläche von A_{ERF} = 0.2 m^2 wird mit einem Rotordurchmesser D_{ERF} > $(A_{ERF} \cdot 4/\pi)^{1/2}$ erreicht. Wir sprechen von der fluiddurchflossenen, erforderlichen, physikalisch wirksamen Repellerfläche (der fluidischen Kraftmaschine). Ganz bewußt wähle ich absichtlich ein gemäßigtes Tragflügelprofil mit einen entsprechenden Liftbeiwert von c_L = 1.0 für irgendeinen Anstellwinkel α wohl wissend, dass auf dieser Seite der Formel noch reichlich Potential bleibt. Woran kein Zweifel bestehen mag.

resulierende ScheinGeschwindigkeit	vs =	3.5 m s^{-1}
Dichte	ρ_{WASSER} =	0.99 kg m^{-3}
Liftbeiwert, Profil bei Anstellwinkel α	c_L = 1.0	--
Erforderliche, wirksame Repellerfläche	AR =	0.2 m^2
Erforderlicher Rotordurchmesser	DERF =	0.5 m
Liftkraft	$L = \rho/2 \cdot c_L \cdot A \cdot v_R^2$ = 1225 N	

Der Berechnungsansatz für den Lift einer fluidmechanisch wirksamen Tragfläche nach Prandtl[4] ($L=\rho/2 \cdot c_L \cdot A \cdot v_R^2$) liefert ein durchaus beruhigendes Ergebnis. Die Liftkraft von L = 1225 N reicht (vielleicht) tatsächlich für den Lift des 1kN-Mannes. Mit einigen Tricks natürlich. Diese Kraft wollen wir nun mit einem Rotationssystem erzeugen. Bei konstanter Drehzahl nimmt die Tangentialgeschwindigkeit über den Radius des (Rotations-) Flügels linear zu, die lokale Liftktaft quadratisch und die Liftleistung mit der dritten Potenz.
Aber genau von dieser so wichtigen Drehzahl, der Arbeitsspielfrequenz unseres Rotorsystems, wissen wir nicht viel. Die Analogie ist nicht gerade die begehrte Freundin der Ingenieure und Produktentwickler, aber gelegentlich eine Option.

---

[3] Siehe auch: Surf-Magazin (6 Juni 2019) Delius Klasing Verlag GmbH. S. 35 ff. https://www.delius-klasing.de/impressum
[4] Ludwig Prandtl (* 4. Februar 1875 in Freising; † 15. August 1953 in Göttingen) war ein deutscher Ingenieur. Er lieferte bedeutende Beiträge zum grundlegenden Verständnis der Strömungsmechanik und entwickelte die Grenzschichttheorie. https://de.wikipedia.org/wiki/Ludwig_Prandtl

Hydro-Copter werden in der Literatur nicht beschrieben; einfach deshalb, weil es sie nicht gibt. Hingegen gibt es schon seit hundert Jahren Gyrocopter und Tragschraubersysteme, die sich (mehr oder weniger erfolgreich) durch die Luft bewegen. Als Erfinder des Tragschraubers gilt der Spanier Juan de la Cierva[5], der seinen *Autogiro* als geschützten Markennamen im Jahre 1923 bekannt machte. In den 20er Jahren d.v.J. wurden Tragschrauber in Großbritannien (besonders Cierva in enger Kooperation mit Avro), Deutschland (insbesondere Focke-Wulf), der Sowjetunion (ZAGI) und in Frankreich (SNCASO) entwickelt.

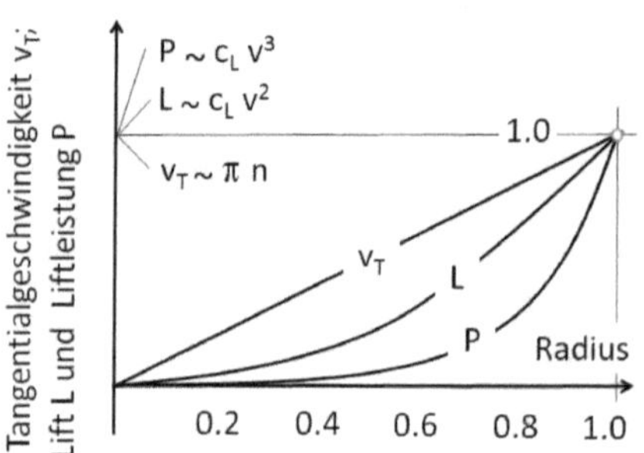

Abb.5: Tangentialgeschwindigkeit, Lift und Liftleistung in generalisier-ten Koordinaten.

Bei Gyrocoptern handelt es sich in um Motor getriebene, Flugzeugähnliche Systeme. De la Ciervas *Autogiro* besitzt den Rumpf eines einmotorigen Jagtflugzeugs auf den ein vierblättriger Rotor montiert ist, der sich prinzipiell nicht von dem eines rezenten Helikopters unterscheidet. Der Rotor läuft frei. Nach diesem Konzept arbeiten sind alle späteren Gyrokopter. Eine Sonderrolle nimmt die deutsche Entwicklung eines passiven und vermutlich sehr effizienten Tragschraubers ein. Leider liegen mir von der legendären Focke-Achgelis[6] Fa 330 „Bachstelze" keine für unsere Betrachtungen relevanten Daten über deren dynamische Betriebs-Parameter wie Rotordrehzahl und Hauptanströmge-schwindigkeit vor, so dass wir dieses (passive, geschleppte) Autogyro-System nicht für Vergleiche heranziehen können. Eine Quelle benennt eine Anströmgeschwindigkeit von 30 km/h als Start und Betriebsgröße, was seitens des Tragschraubers wirklich gering, ja zu gering erscheint. Andererseits wird die erforderliche Anströmgeschwindigkeit von einem halbtauchenden U-Boot erfahren, was als durchaus beachtlich erscheint; wie auch immer: es liegen keine experimentellen Daten der wunderhübschen Bachstelze vor.

---

[5] https://de.wikipedia.org/wiki/Tragschrauber
[6] Der Focke-Achgelis Fa 330 „Bachstelze" war ein motorloser Kleintragschrauber, der für den Einsatz auf U-Booten und Schiffen bestimmt war. https://de.wikipedia.org/wiki/Focke-Achgelis_Fa_330

Duda hingegen nennt Messdaten von zwei bei der DLR in Göttingen untersuchten Gyrocoptern, den modernen MTOsport der Firma AutoGyro[7] und das historische, 1930 von Harold F. Pitcairn gebaute PCA-2 Gyroplane[8].

<u>Summarizes of the relevant data of the MTOsport and PCA-2 gyroplanes.</u>
[DUD-12]

	MTOsport	PCA-2
MTOW [kg]	450	1360
Engine Power [hp]	100	300
Max. Airspeed [kts]	80	100
Rotor Diameter [m]	8.4	13.7
Rotor Disk Area [m²]	55.4	147.4
Disk Load [kg/m²]	8.1	9.2
Blade Airfoil	NACA 8-H-12	GÖ429
No. of Blades	2	4
Av. Rotor Speed [rpm, Hz]	340, 5.7	140, 2.3
Av. Tip Speed [kts]	290	200

(Comparison of MTOsport and PCA-2 gyroplane data)

Die Messdadaten Dudas werden nun Basis sein für die vergleichende Synthese eines Hydro-Copters.

Gyrocopter vom Stand der Technik sind Fluggeräte aber unser Hydro-Copter arbeitet im Medium Wasser. Äpfel und Birnen, ein unmittelbarer Zusammenhang leuchtet nicht unmittelbar ein. Wollen wir Analogien bilden oder Systeme vergleichen, die in unterschiedlichen Medien arbeiten, sich geometrisch ähnlich aber von unterschiedlicher Größenordnung sind, etwa das rezente Fluggerät modernen MTOsport der Firma AutoGyro und unser avisierter Hydro-Copter, sind so genannte „Similaritätsbetrachtungen" hilfreich. Bei fluidmechanischen Wechselwirkungen und unter der speziellen Voraussetzung voll getauchter Ähnlichkeitsexemplare findet die so genannte Reynoldsidentität Anwendung; dies sei kurz erörtert. Zu einer Zeit vor der Verfügbarkeit von Strömungskanälen oder computergestützten Simulationsprogrammen hatte der Physiker Osborne Reynolds beschrieben, dass sich Zustandsgrößen des Strömungsfeldes,

---

[7] Die AutoGyro GmbH ist Weltmarktführer in der Entwicklung, Produktion und im Vertrieb von Tragschraubern. Gründung 1999. https://www.auto-gyro.com/Unternehmen/

[8] The Pitcairn PCA-2 was an autogyro developed in the United States in the early 1930s. It was Harold F. Pitcairn's first autogyro design to sell in quantity. It had a conventional design for its day – an airplane-like fuselage with two open cockpits in tandem, and an engine mounted tractor-fashion in the nose. The lift by the four-blade main rotor was augmented by stubby, low-set monoplane wings that also carried the control surfaces.[2] The wingtips featured considerable dihedral that acted as winglets for added stability. https://en.wikipedia.org/wiki/Pitcairn_PCA-2

respektive die lokale Geschwindigkeit und idealisierte Konstruktionsparameter (Referenz- bzw. Signifikanzlängen) des Fluidsystems dann linear variieren lassen, wenn sie auf die Transportkoeffizienten des realen, reibungsbehafteten Fluids bezogen werden. Die Reynoldszahl beschreibt eine Similarität vor dem Hintergrund fluidischer Energiebetrachtungen.

Reynolds-Zahl $\quad Re = v \cdot L / v \quad [m \cdot s^{-1} \cdot m \cdot m^{-2} \cdot s], [-]$

$Re = v \cdot L / \mu \qquad [kg \cdot m^{-3} \cdot m \cdot s^{-1} \cdot m \cdot (kg \cdot s^{-1} \cdot m^{-1})^{-1}], [-]$

Größe	Symbol	Einheit	Dimension
Länge	l	[m]	L
Geschwindigkeit	v	[m/s]	L · T-1
Dyn. Viskosität	μ	[N s /m2]	M · L-1 · T-1
Dichte	ρ	[kg/m3]	M · L-3
Kin. Viskosität	v	[m2/s]	L2 · T-1

Das energetische Wechselwirkungsgeschehen wird maßgeblich über die Stoffeigenschaften des Fluids bestimmt. Neben der Dichte des Mediums spielen die Transportkoeffizienten, die kinematische und die dynamische Viskosität μ und v bzw. die – aus meiner Sicht sinnfälligere (der Viskosität reziproken) kinematische und die dynamische Fluidität μ^{-1} und v^{-1} eine entscheidende Rolle. Die Transportkoeffizienten sind über einen weiteren Stoffwert des Fluids, der Dichte ρ mit einander gekoppelt. In Tabellenwerken sind beide Darstellungen gebräuchlich. Die Viskosität ist sowohl temperatur- als auch druckabhängig.

dynamische Viskosität $\quad \mu: \qquad [\, N \cdot s \cdot m^{-} = kg \cdot s^{-1} \cdot m^{-1} = Pa \cdot s\,] \qquad [M \cdot L^{-1} \cdot T^{-1}],$

kinematische Viskosität $\quad v: \qquad [m^2 \cdot s^{-1} = Pa \cdot s \; kg^{-1} \cdot m^{-3}] \qquad L^2 \cdot T^{-1}$

kinematische Fluidität $\quad \psi = v^{-1}: \quad [m^{-2} \cdot s] \qquad\qquad\qquad L^{-2} \cdot T$

Der Begriff der Viskosität ist eng verwoben mit der Vorstellung eines Widerstands gegen Scherbewegung innerhalb des Fluids. Teilchen zäher Flüssigkeiten sind stärker aneinander gebunden, besitzen eine innere Reibung, die zum Teil über die Anziehungskräfte (Kohäsion) getragen wird. Die kinematischen Viskosität trennt die dynamische Viskosität vom Dichteeinfluss des Mediums. Die Transportkoeffizienten sind sowohl temperatur- als auch druckabhängig.

Tabelle der Transportkoeffizienten und Dichten [Hüt-02]:

Stoff	dyn. Viskosität μ	Dichte ρ	kin. Viskosität ν
	$[kg \cdot s^{-1} \cdot m^{-1}]$	$[kg \cdot m^{-3}]$	$[m^2 \cdot s^{-1}]$
Luft	$18{,}1 \cdot 10{-}6$	$1{,}188$	$15{,}24 \cdot 10^{-6}$
Wasser	$1{,}01 \cdot 10{-}3$	$0{,}998 \cdot 10\,3$	$0{,}1012 \cdot 10^{-6}$

Reynoldsidentität besagt nun, dass die Reynoldszahlen zweier fluidischer Szenarien, beispielsweise die Design-Reynoldszahl eines Schiffbauteils und die Reynoldszahl eines beobachteten technischen oder biologischen Phänomens in einem anderen Medium wie hier in Luft, größenordnungsmäßig identisch sein sollen, damit eine Übertragbarkeit möglich erscheint. Indizierten wir das Geschehen im Medium Luft mit L und jenes in Wasser mit W, dnn ist die Reynoldsidentität Re= v·L/ν = const. gegeben mit:

$$\text{Luft:} \qquad Re_L = v_L \cdot L_L / \nu_L = Re = v_W \cdot L_W / \nu_W = Re_W \qquad \text{Wasser}$$

Die Geschwindigkeit an der Tragflügelkante ist mit der Arbeitsspielfrequenz f des Roatationssystems verknüpft mit Winkelgeschwindigkeit $\omega = 2\pi n$ und der Tangentialgeschwindigkeit $v_T = \omega R$ an irgendeinem signifikanten Ort R oder L.

$$\text{Luft:} \qquad Re_L = R_L \, 2\,\pi\, n_L \cdot L_L / \nu_L = R_W \, 2\,\pi\, n_W \cdot L_W / \nu_W = Re_W \qquad \text{Wasser}$$

Parameter			MTOsport	HydroCopter
Rotordurchmesser, Radius	L, R	[m]	8.4, 4.2	0.5, 0.25
Arbeitsspielfrequenz	n, f	[rpm, Hz]	340, 5.7	*gesucht*
Kinematische Viskosität	ν	$[m^2 \cdot s^{-1}]$	$15{,}24 \cdot 10^{-6}$	$0{,}1012 \cdot 10^{-6}$

Das Äquivalent der Arbeitsspielfreq.:
$$n_W = n_L \cdot R_L^2 \cdot \nu_W / \nu_L / R_W^2 = 631 \ [rpm]$$
$$n_W = 10.5 \ [s^{-1}]$$

Die Drehzahl von $n_W = 10.5$ $[s^{-1}]$ liegt im erwartbbaren Bereich. Für die maximale Tangentialgeschwindigkeit der Tragflügelspitze R=RA folgt:

Tangentialgeschwindigkeit an einem Ort R am Tragflügel: $\qquad v_T = \omega \cdot R = 2\pi \cdot n \cdot R$

Wir werden später die Leistungsermittliung mit dem Mittelschnittverfahen ausführen und legen für eine erste Auslegung einen Ersatzradius von R=0.7RA fest.

Tangentialgeschwindigkeit $v_T = \omega \cdot R = 2\pi \cdot n \cdot RA = 6.28 \cdot 10.5 \cdot 0.25 \cdot 0.7 = 11.54$ [m/s]

Schreiten wir in der Argumentation fort. Wie alle Maschinen erreicht auch der reale Hydro-Copter das theoretische Maximum nicht. Wir haben oben gesehen, dass sich durch die Drehbewegung des Rotationsflügels ein energetisch bevorteilter und ein benachteiligter (Wechselwirkungs-) Trum ergibt. Gleichzeitig sprechen wir bei Repellern (1) von einem so genannten Deckungsgrad der durchströmten, wirksamen Repellerfläche und (2) kennen wir den Betz'schen Faktor, der die Energieentkopplung bei Windrädern, aber eben auch generell bei fluidischen Kraftmaschinen einhegt. Natürlich sollten wir den Sinudialen Verlauf der Leistungsentwicklung

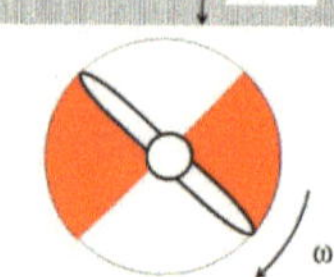

einer horizontal angeströmten Strömungskraftmaschine im Auge behalten. Da wir aber so wenig von diesr heute noch hypothetischen Maschine wissen, werde ich den intermittierenden Anteil der Leistungseinkopplung in einer ersten Formel für den maximalen Lift L_{MAX} (siehe unten) mit einer reduzierten wirksamen Fläche berücksichtigen: der „Dechungsgrad c_{DC}" soll 50% der Rotorfläche betragen. Rotationskraftmaschinen können die kinetische Energie des Fluids nicht vollständig in mechanische (Rotations-) Energie wandeln. Albert Betz[9] berechnete vor rund hundert Jahren den maximal erreichbaren Leistungsumsatz für ein idealisiertes Windrad. Aus Messungen wusste Betz, dass eine Leistungsentkopplung die Geschwindigkeit der Strömung mindert; er kam zu dem Ergebnis, dass eine optimale Leistungsentnahme möglich ist, wenn die Geschwindigkeit nach der Rotorebene nur noch 1/3 der Anströmgeschwindigkeit vor der Rotorebene beträgt. Bei diesem Verhältnis ist der aerodynamische Wirkungsgrad (maximaler Leistungsbeiwert cp) der Strömungskraftmaschine gleich 16/27=0.59. Dieser maximale Leistungsbeiwert gilt für Auftriebsläufer. Bei den Betz'schen Berechnungen handelt es sich um einen Ansatz mit der Kontinuitätsgleichung und um eine Energiebilanz. So werde ich im Folgenden davon ausgehen, dass der der Leistungsbeiwert vom

---

[9] Das Betzsche Gesetz stammt von dem deutschen Physiker Albert Betz (1885–1968). Er formulierte es erstmals im Jahr 1919. Sieben Jahre später erschien es in seinem Buch Wind-Energie und ihre Ausnutzung durch Windmühlen. Der britische Ingenieur Frederick W. Lanchester (1868–1946) publizierte schon 1915 ähnliche Überlegungen. Das Gesetz besagt, dass eine Windkraftanlage maximal 16/27 (knapp 60 Prozent) jener mechanischen Leistung, die der Wind ohne den bremsenden Rotor durch dessen Projektionsfläche (Rotorfläche, Erntefläche, Wirkscheibe senkrecht zur Windrichtung) transportieren würde, in Nutzleistung umwandeln kann. https://de.wikipedia.org/wiki/Betzsches_Gesetz

untersuchten Medium unabhängig ist und der Leistungsbeiwert für den Strömungskraftmaschinenteil des Hydrocopters cp< 0.59 beträgt.

Maximaler Lift: $L_{MAX} = L_{THEO} \cdot c_p \cdot c_{DC} < 0.3 \cdot L_{THEO}$, mit $c_p < 0.59$ und $c_{DC} < 0.5$

Bei einer Drehzahl von n = n_W = 10.5 [s^{-1}], respktive einer Tangentialgeschwindigkeit v_T = $\omega \cdot R \cdot 0.7$ = 11.54 [m/s] und einer (Angleit-) Geschwindigkeit des Seefahrzeugs von veu = 3.5 [m/s] bleiben die Beträge der scheinbaren Anströmgeschwindiggkeit immer positiv. Der Repeller/Propeller sei rechtsdrehend. Somit baut sich in einem Lagrange-betrachteten Szenario backbordseitig eine maximale wirksame Relativgeschwindigkeit (scheinbare Strömungsgeschwindigkeit) von V_{Rb} = 15[m/s] und steuerbordseitig eine maximale wirksame Relativgeschwindigkeit V_{Rs} = 8[m/s] auf. Das daraus resultierende Rollmoment des Seefahrzeugs um seine Achse der Hauptbewegungsrichtung wollen wir an dieser Stelle nicht betrachten. Die projektierte Rotorfläche beträgt A = A_b + A_s = 0.2 m^2, wobei A_b=A_s . Setzen wir erneut einen nicht besonders schmeichelhaften Liftkoeffizienten von c_L=1.0 in das erste Modell unseres Hydrocopters an, befinden wir uns auf der (gestalterisch) sicheren Seite und erhalten für den theoretischen, idealisierten Lift am Hydrokopter einen respektablen Wert von über 14 kN für die durchströmte (Brutto-) Fläche in der Roattionseben des Hydrocopters.

Theoretischer, idealisierter Lift des Hydrocopters:
$$L_{THEO} = Lb + Ls = \rho/2 \; c_L \; A/2 \; v_{Rb}^2 + \rho/2 \; c_L \; A/2 \; v_{Rs}^2 \qquad = 14450 \text{ N}$$
Theoretischer, maximaler Lift des Hydrocopters:
$$L_{MAX} = c_p \cdot c_{DC} \cdot L_{THEO} = c_p \cdot c_{DC} \cdot \rho/2 \cdot c_L \cdot A/2 \cdot (v_{Rb}^2 + v_{Rs}^2) = 4335 \text{ N}$$

Selbst unter großzügigem Einbezug etlicher Wirkungsgradverluste erscheint mir das Berechnungsergebnis für den theoretisch maximalen Lift an einem HydroCopter gegenüber dem (real gemessenen) Lift eines stationären Foils gleicher effektiver Fläche und vom Stad der Technik eine recht optimistische Vorgabe zu sein. Als Theoretiker bleibt man ja misstrauisch.

Wenden wir zur Kontrolle die Reynolds-Ähnlichkeit für Strömungsphänomene und ihre Übertragung auf unterschiedlich Fluide noch einmal auf die erforderliche Anfahrgeschwindigkeit v_S = $v_{\infty W}$ für das Aufgleiten (im Wasser) an. Zumindest ein Ansatz potentieller Gleichungen zur Abschätzung des Widerstandgebarens im Betrieb sollen unsere energetischen Betrachtungen abschließen. Erinnern wir uns zunächszt an die Reynoldsähnlichkeit oben:

Reynolds-Similarität. $\qquad Re_L = v_{\infty L} \cdot L_L / \nu_L = v_{\infty W} \cdot L_W / \nu_W = Re_W$

Der Ansatz bleit in dieser Form unabhängig von der Drehzahl des Rotorsystems. Evaluieren wir erneut die von Duda veröffentlichten Messdaten des MTOsport Gyroplane aus dem Jahre 2012. Im Betrieb (beim Fliegen im GyroCopter-Effekt) befindet sich das Flugsystem im dynamischen Gleichgewicht. Das hydrodynamische Äquivalent wäre der stationäre Betrieb des HydroCopters nach einer Angleitphase und der Überschreitung einer erforderlichen Geschwindigkeit hierfür. Der aerodynamische Gyro-Copter MTOsport fliegt mit einer Betriebsgeschwindigkeit in einem Bereich von $\{60\ kn < v_S < 80\ kn\}$. Aus der Reynolds-Similarität folgt eine Form für eine „signifikante Länge" des fluidischen Systems für eine (beliebige) signifikante Geometrieabmessung des untersuchten Systems (.. das im Wasser arbeitet).

Signifikante Konstruktionslänge $\qquad D = D_W = v_{\infty L} \cdot D_L\ v_W / v_L / v_{\infty W}$

$v_{\infty L}$	= 30 [m/s]	.. Flug-Betriebsgeschwindigkeit GyroCopter
$v_{\infty W}$	= 3.5 [m/s]	.. Aufgleitgeschwindigkeit HydroCopter-Board
D_L	= 8.4 m	.. Rotordurchmesser des GyroCopter
D_W	*gesucht*	.. Rotordurchmesser des HydroCopter

Wie bereits in den obigen Auftaktbeziehungen für Startwerte zum Entwurf eines HydroCopters ist die Aufgleitgeschwindigkeit des Boards von $v_{\infty W}$ = 3.5 [m/s] ein freundlicher und gemäßigter Wert. Zumindest für eine Rennjolle in Laienhand. Der ambitionierte Profisurfer sollte diese hochschwellige Marke von 7 kn Aufgleitgeschwindigkeit (lässig wie Jan, möchte ich sagen, und absolut) problemlos unterbieten können. Für den benannten Betriebsgeschwindigkeits-bereich des Flugsystems von $\{60\ kn < v_S < 80\ kn\}$ erhält man nach der Reynolds-Similarität für die signifikante Konstruktionsgröße, den Rotordurchmesser D_W des hydrodynamischen Systems den Bereich von $\{0.48\ m\ < D_W < 0.63\ m\}$. Die Werte passen dermaßen gut auf den ersten Auslegungsfall (D=0.5 m) dass zunächst der Verdacht eines Rechenfehlers oder einer Implikation nahe lag[10].
Interessanterweise sind die Widerstände im Betrieb nicht so interessant für einen ersten gestalterischen Hub. Wir registrieren den Reibungswiderstand W_R, der in seinen Erzeugendenszenarien zu behandeln ist ähnlich dem Lift, der im übrigen im Lagrange- System otrhogonal zu diesem steht und rotiert ebenso die Richtung des induzierten Widerstands. Dieser steht in direktem Zusammenhang mit der Querkrafterzeugung des rotierenden Flügels und dessen Randwirbelausbildung. Natürlich steckt in diesem kreisenden Randwirbel der Tragflügelspitze sehr viel der zur Drehbewegung aufgebrachten

---

[10] Der gesamte Modellansatz wurde geprüft und von einem Fachkollegen evaluiert.

Energie. Aber ist es nicht genau dieser spiralige Randwirbel, der den – im übrigen rotorfreien – Massestrom durch die Propellerfläche fördert, ja ihn erst induziert? Soll man die (durch den Drehflügel induzierte) Wirbelbildung nun vermeiden, oder fördern?

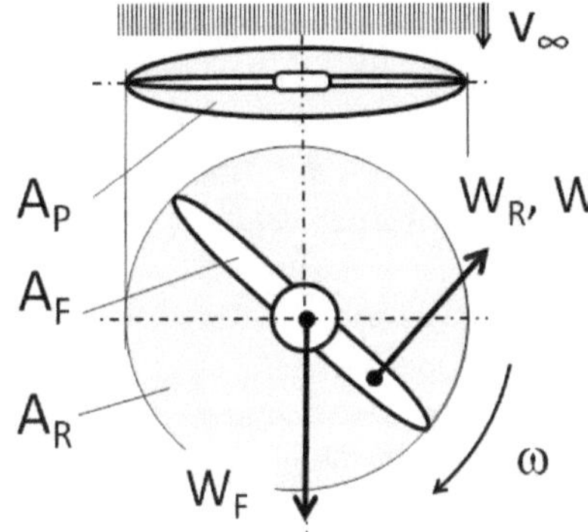

Abb.7: Widerstandskomponenten des Rotors, ihre Lage, Richtung und Ort; relevante Flächen.

Es sei an dieser Stelle an die Anteile einer Propellertheorie erinnert, die aus einer allgemeinen Feldtheorie stammen und mit dem Gesetz von Biot und Savart beschrieben werden. Und ist es nicht reichlich paradox: ein sauber geschnittener induzierter Randwirbel und damit der eine (Aufpunkt-) Geschwindigkeit in der Rotationsebene induzierende Randwirbel kann - aus der Sicht des Propellerkonzeps – einfach nicht energiereich genug sein. Vor dem Hintergrund der Betrachtung des Hydro-Copters als Anbaut eines Fahrsystem, spielt seine orthogonormal auf der Hauptbewegungsrichtung projezierte, elliptische Angriffsfläche A_P eine Rolle für den Formwiderstand (der Anbaut). Betrachten wir die Widerstände, ihre Wirkrichtung und die zu berücksichtigen signifikanten Flächen des Hydro-Copter-Rotor-Systems:

Rotorfläche mit: $A_b=A_s$	$A_R = A_b + A_s$	m^2,
projezierte, elliptische Angriffsfläche	A_P	m^2,
Tragflügelfläche $A_F < t\,b$	A_F	m^2,

Die Widerstände tauchen in unterschiedlichen Wirkebenen auf. Für die vektoriell gekoppelten Partialwiderstände an einem angeströmten Hydro-Coptersystem Tragflügel gelten nun folgende Begriffe und Proportionalitäten:

W$_F$ Formwiderstand (Druckwiderstand) aufgrund der Umströmung der Körperkontur, im Allgemeinen die benetzte Oberfläche des Tragflügelsystems. Bei unserem Hydro-Copter ist die gegenüber der Hauptbewegungsrichtung projezierte Fläche des angestellten Rotors im Betrieb und sein (Drehkörper-) Volumen relevant.

$$\text{Formwiderstand} \qquad W_F \quad \sim \quad (v_{\infty W}^{2},\ V_{ROTOR})$$

(Wirkung der Druckverteilung an einem umströmten Körper. Bestimmbar durch Integration über die gesamte Körperoberfläche; unter Berücksichtigung der Kraftkomponente in Anströmrichtung. Abhängigkeit von der Geschwindigkeit v des Systems und dem in Rotation verdrängten Drehkörper-Volumen V).

W$_R$ Widerstand aufgrund der Reibung an der benetzten Körperhülle; im Allgemeinen betrifft die Reibung die benetzte Oberfläche A$_F$ des Flügels. Im Falle des Hydro-Copter ist die gegenüber der Drehrichtung des Flügels eigentlich die Repellerfläche signifikant. Ebendort die über den Radius linear ansteigende Tangentialgeschwindigkeit der Anströmung, verrechnet mit der Systemgeschwindigkeit, wir nannten es oben die scheinbare Anströmung.

Oberflächenwiderstand: **W$_R$** $\quad\sim\quad$ (v_T^{2}, A$_F$)

*(Wirkung der Wandschubspannung an einem Strömungskörper. **W$_R$** ist bestimmbar durch Integration über die gesamte Körperfläche unter Berücksichtigung der Kraftkomponente in Anströmrichtung. Abhängigkeit von der Geschwindigkeit v, der Viskosität des Mediums und der benetzten Oberfläche A des Systems).*

W$_I$ Induzierter Widerstand aufgrund fluiddynamischer Auftriebs- und Querkräfte. Der induzierte Widerstand ist unmittelbar mit dem Randwirbelgeschehen am Tragflächenende eines bewegten Flügels gekoppelt. Dieses nimmt an Intensität zu, je wirkungsvoller der Tragflügel Querkraft generiert.

$$\text{Induzierter Widerstand} \qquad W_I \quad \sim \quad (v_T^{-2},\ L^{2})$$

(Wirkung der durch dynamischen Auftrieb oder Querkraft generierten Randwirbel. Abhängig von der Geschwindigkeit 1/v^2 und der Tiefe L^2 der fluidmechanisch wirksamen Bauteile).

Für energetische Betrachtungen am Rotationssystem des Hydro-Copters sind an dieser Stelle noch einmal die Formeln und die erforderlichen Berechnungsgrößen zusammengestellt.

Strömungsfeld

Geschwindigkeit in [m/s],	v, w	$[\text{ms}^{-1}]$
Wegstrecke	s	$[\text{m}]$
Anstellwinkel (scheinb. Strömung)	α	$[°]$

Tragflächengeometrie

Tragflügellänge	b	$[\text{m}]$		
Profiltiefe	t	$[\text{m}]$		
überströmte Fläche des Flügels	A	$[\text{m}^2]$	A	$= b \cdot t$
Seitenverhältnis (Flügel)	λ	$[-]$	λ	$= A/b^2$
Profildicke	d/t	$[\%]$		
Profilwölbung	f/t	$[\%]$		
Wölbungsrücklage	xf/t	$[\%]$		

Kräfte, Energie

Auftrieb, Querkraft, Lift	L	$[\text{N}]$	L	$=$	$c_a \cdot A \cdot v^2 \cdot \rho/2$
Spez. Flächenbelastung (Auftrieb)	f_L	$[\text{Nm}^{-2}]$	f_L	$=$	L / A
Formwiderstand	W_F	$[\text{N}]$	W_F	$=$	$c_w \cdot A \cdot v^2 \cdot \rho/2$
Reibungswiderstand	W_O	$[\text{N}]$	W_O	$=$	$c_r \cdot A \cdot v^2 \cdot \rho/2$
induzierter Widerstand	W_I	$[\text{N}]$	W_I	$=$	$c_i \cdot A \cdot v^2 \cdot \rho/2$
Liftleistung	P_L	$[\text{W}]$	P_L	$=$	$L \cdot v$

Beiwerte

glatte Oberfl. laminare Strömung	c_r	$=$	$1{,}327 \cdot (\text{Re})^{-1/2}$
glatte Oberfl. turbulente Strömung	c_r	$=$	$0{,}074 \cdot (\text{Re})^{-1/5}$
raue Oberfl. turbulente Strömung[11]	c_r	$=$	$0{,}418 \cdot (2+\lg(t/k))^{-2{,}53}$
induzierter Widerstand[12]	c_i	$=$	$\lambda\, c_a^2 / \pi$
Form: (Analyse)	c_F		
Lift, Querkraft (Analyse)	$c_L, c_a,$		

---

[11] Angabe der Rauigkeit k in [m]. Es gilt als glatt: k= 0,001[mm] = 10^{-3} [mm] = 10^{-6} [m].
[12] gemäß elliptischer Auftriebsverteilung nach Prandtl.

Die dargestellten Berechnungsgleichungen sind geeignet anhand von exemplarischen Rotor-Tragflächenkonfigurationen zu zeigen, wie Kraft- und Arbeitstragflügel gleicher Fläche und spezifischer Tragflächenbelastung auf betragsmäßig gleiche Auftriebs- und Widerstandskräfte führen, sofern wir (für einen ersten Gestaltansatz auf die Quantisierung der durch das Auftriebsgebaren induzierten Widerstande verzichten. Hier sind die Schlankheitsgrade der rotierenden Teiltragflächen von großem Einfluss und können glückliche Konfigurationen einnehmen oder ungünstige Verhältnisse herbeiführen. Immer jedoch bedeuten sie ein mehr oder ein etwas weniger an Verzehr der in das Tragflächensystem eingespeisten Antriebsleistung (Widerstand) je nachdem, wie geschickt der Hydro-Copter konfiguriert ist. Die Kontrolle der durch das Auftriebsgebaren einer (oder mehrerer) Kraft- und Arbeitstragflächen induzierten Verluste ist für jeden Strömungsmechaniker ein in hohem Maße anspruchsvolles Unterfangen. Dennoch bleiben im Laborbetrieb relativ einfach darstellbare, in der Realität aber komplexe, auf der Wechselwirkung von Wirbeln basierende Strömungsphänomene in aller Regel unberücksichtigt.

Wagen wir ein Fazit.

Bei Lichte betrachtet ist ein Repeller-Drehflügelchen mit einem Durchmesser von gerade mal 50 cm selbst für eine Spielzeug-Windmühle mit Fahrrad-Dynamo[13], wie sie in den 80ern gerne von (uns) ökoengagierten, Latzhosen tragenden Vätern gehobelt wurde, nicht gerade ein Monster.
Bei Lichte betrachtet ist ein Propeller-Drehflügel mit einem Durchmesser von immerhin 50 cm selbst für eine sehr ambitionierte Motoryachten mit V8-Motor, wie sie in den ebenfalls 80ern gerne von Goldkettchen tragenden Marlboromännern erträumt wurde, ein absolutes Monster.

Aha. Der Gestaltungsansatz für den HydroCopter auf der Basis eines Segelsurf-systems vom Stand der Technik zeigt einen Entwurf von betörender Einfachheit. Eine erste Auslegung geometrischer Grundparameter des HydroCopters gelingt mit einem Seitenblick auf rezente Hydrofoils für Segelsurfboards vom Stand der Technik. Der Lift von $L_{MAX} = c_p \cdot c_{DC} \cdot L_{THEO} > 4$ kN erscheint vor dem Hintergrund moderner Surf-Foils tatsächlich schon ein wenig

---

[13] Einfälle statt Abfälle, Christian Kuhtz, Hagebuttenstr. 23, 24113 Kiel. Z.B. Windrad selber bauen, Sonnenenergie nutzen, Komposttoilette bauen, Öfen selbst bauen, Müsli-Quetsche bauen, Öko-Sanierung, Abwärme-Ofen bauen, Dörren mit Sonne, Solaranlage selber bauen, Windrad aus Waschmaschine bauen … usw. https://einfaellestattabfaelle.wordpress.com/einfaelle-statt-abfaelle-heftreihe-windkraft/1-windkraft-ganz-einfach/ siehe auch: G. Goettle(2009), ZU BESUCH BEI EINEM SPARSAMEN TÜFTLER, https://taz.de/!573480/

monströs. Gleichsam habe ich in meinem idealisieten Modell den transversalen Reibungswiderstand den Formwiderstand und und auch den induzierten Widerstand des Rotorantriesystems nicht näher untersucht. Für einen Theoretiker spielen die Chancen am Markt (was ist das?) eine untergeordnete Rolle, aber einer zukünftigen Produktentwicklung kommt der Reduzierung der dynamischen Geometrien eine gewisse Rolle zu. Wir werden uns also in Theorie und (Produkt-) Entwicklung dem Rotationssystem zuwenden.

Ein letztes mal: einen halben Meter Tragflügel und ein Lift von $L_{MAX}>4$ kN? Die Optimierer unter uns geraten automatisch und unmittelbar in einen Iterationsmodus, in eine Optimierungsschleife, die den maximal erforderlichen Rotorenradius einer Downsizingkampagne unterzieht und unseren Hydrocopter auf den surfenden 1kN-Mann konditioniert. Aber eben nur diese.

Michel Felgenhauer
Berlin, im Sommer 2019

Bibliographie

[BaNe-98]   Barthlott, W.; Neinhuis, C.: Lotusblumen und Autolacke – Ultrastruktur pflanzlicher Grenzflächen und biomimetische unverschmutzbare Werkstoffe. Biona Report 12, Schriftenreihe der Wissenschaften und der Literatur, Mainz. Gustav Fischer-Verlag, Stuttgart 1998.
[Bann-02]   Bannasch, Rudolph. Vorbild Natur. In: design report 9/02, S.20ff. Blue.C Verlag Stuttgart: 2002.
[Bapp-99]   Bappert, R. Bionik, Zukunftstechnik lernt von der Natur. SiemensForum München/Berlin und Landesmuseum für Technik und Arbeit in Mannheim (Herausgeber): 1999
[Bech-93]   Bechert, D.W.: Verminderung des Strömungswiderstandes durch bionische Oberflächen. In: VDI-Technologieanalyse Bionik, S. 74 – 77. VDI-Technologiezentrum Düsseldorf 1993.
[Bech-97]   Bechert, D.W., Biological Surfaces and their Technological Application. 28th AIAA Fluid Dynamics Conference: 1997
[Cal-84]   Calder, W.A. (1984) Size, Function and Life History. Harvard University Press. Cambridge 431pp.
[Die11-1]   Dienst, Mi. (2011) Hrsg. Transactions in Bionic Engineering Design, Vol.-Nr.001. BOD Verlag Norderstedt. ISBN 978-3-8423-2714-6.

[Die 11-2]   Dienst, Mi., (2011) Bionic Research Unit Berlin. Rezente Bionikforschung an der Beuth Hochschule für Technik Berlin, In: 5. Bremer Bionik Kongress –Tagungsbeiträge. Hrsg.: Antonia B. Kesel, Doris Zehren, S. 200-203. ISBN 978-3-00-033467-2

[Die09-4]   Dienst, Mi.(2009) Physical Modelling driven Bionics. GRIN-Verlag München.

[DUB-95]   Dubbel, Handbuch des Maschinenbaus, Springer Verlag Berlin, 15.Auflage 1995.

[Fli-02]   Flindt, R. (2002) Biologie in Zahlen Berlin: Spektrum Akademischer Verl.

[Fren-94]   French, M.: Invention and Evolution: design in nature and engineering. Cambridge University Press. Cambridge 1994.

[Fren-99]   French, M.: Conceptual Design for Engineers. Berlin, Heidelberg, New York, London, Paris, Tokio: Springer: 1999

[Gel-10]   Produktinformation, 05 2010, GELITA 69412 Eberbach. www.gelita.com

[Guen-98]   Günther, B., Morgado, E. (1998) Dimensional analysis and allometric equations concerning Cope's rule. Revista Chilena de Historia Natural 71: 331-335, 1989

[Gör-75]   Görtler, H. Diemensionsanalyse. Berlin Springer 1975

[Guen-66]   Günther, B., Leon, B. (1966) Theorie of biological Similarities, nondimensional Parameters and invariant Numbers. Bulletin of Mathematical Biophysics Volume 28, 1966.

[Gutm-89]   Gutmann, W.: Die Evolution hydraulischer Konstruktionen. Verlag W. Kramer: Frankfurt am Main, 1989.

[Hüt-07]   Hütte, 2007, 33. Auflage, Springer Verlag. S.E147

[Hux-32]   Huxley, J.S. (1932) Problems of relative Growth. London: Methuen.

[Liao-03]   Liao, J.C.; Beal, D.; Lauder, G.; Triantayllou, M. Fish Exploting Vortices Decrease Muscle Activty. In: Science 2003, S. 1566-1569. AAAS. 2003.

[Matt-97]   Mattheck, C.: Design in der Natur. Rombach Verlag. Freiburg 1997.

[Nac-01]   Nachtigall, W. (2001) Biomechanik. Braunschweig: Vieweg Verlag.

[Nach-98]   Nachtigall, W. : Bionik – Grundlagen und Beispiele für Ingenieure und Naturwissenschaftler. Springer-Verlag, Berlin-Heidelberg-New York 1998.

[Nach-00]   Nachtigall, Werner; Blüchel, Kurt. Das große Buch der Bionik. Stuttgart: Deutsche Verlags Anstalt: 2000.

[PaBe-93]   Pahl. G.; Beitz, W.: Konstruktionslehre, 3.Auflage. Berlin-Heidelberg-New York-London-Paris-Tokio: Springer 1993

[Pflu-96]   Pflumm, W. (1996) Biologie der Säugetiere. Berlin: Blackwell Wissenschaftsverlag.

[Rech-94]   Rechenberg, Ingo. Evolutionsstrategie'94. Frommann-Holzoog
Verlag. Stuttgart: 1994.
[Schü-02]   Schütt, P., Schuck, H-J., Stimm, B. (2002) Lexikon der Baum- und
Straucharten. Nikol, Hamburg, ISBN 3-933203-53-8
 [Tho-59]   Thompson, D'Arcy, W. (1959) On Growth and Form. London:
Cambridge University Press. (Neuauflage der Originalschrift 1907)
[Tho-92]   Thompson, D W., (1992). On Growth and Form. Dover reprint of
1942 2nd ed. (1st ed., 1917). ISBN 0-486-67135-6
[Tria-95]   Triantafyllou, M.: Effizienter Flossenantrieb für Schwimmroboter.
In: Spektrum der Wissenschaft 08-1995, S. 66–73. Spektrum der Wissenschaft-
Verlagsgesellschaft mbH, Heidelberg 1995.
[Zie - 72]   Zierep, J. (1972) Ähnlichkeitsgesetze und Modellregeln der
Strömungslehre. Karlsruhe: Braun Verlag 1972.

Ergänzende Literatur

[1] Prandtl, L., 1924, Induced drag of multiplanes, NACA TN-182.
[2] Kroo, I., 2005, Nonplanar wing concepts for increased aircraft efficiency, VKI
Lecture Series on Innovative Configurations and Advanced Advanced Concepts
for Future Civil Aircraft, June 6-10, 2005.
[3] Boeing, 2009, Sweeping Changes, Boeing Frontiers, Vol. VII, Iss. X, March
2009.
[4] Hepperle, M., 2008, MDO of Forward Swept Wings, Presentation for the
KATnet II Workshop, Braunschweig, Germany, 28-29 Jan, 2008.
[5] Seitz, A. et. al., 2011, The DLR Project LamAiR: Design of a NLF Forward
Swept Wing for Short and Medium Range Transport Application, AIAA 2011-
3526.
[6] GE36 Systems Engineering and Design, 1987, Full scale Technology
Demonstration of a modern counterrotating unducted fan engine concept,
NASA CR-180867, NASA Lewis
Research Center, Dec 1987.
[7] Woodward, R. et. al., 1991, Takeoff/ Approach Noise for a Model Counter-
rotation Propeller with a Forward Swept Upstream Rotor, NASA TM-105979,
AIAA-930596.
[8] Avellán, R. & Lundbladh, A., 2011, Air Propeller Arrangement and Aircraft,
International Patent Application WO2011/081577A1, filed on Dec 28, 2009.
[9] Avellán, R. & Lundbladh, A., 2012, Air Propeller Arrangement and Aircraft,
US Patent Application US2012/0288474A1, filed on Dec 28, 2009.
[10] Korkan K. D. & Gregorek, G. M., 1980, An Acoustic Sensitivity Study of
General Aviation Propellers", AIAA-80-1871.

[11] Jeracki, R.J., & Mitchell G.A., 1981, Low and High Speed Propellers for General Aviation – Performance Potential and Recent Wind Tunnel Test Results, NASA TM-81745.

[12] Hartzell Propellers Inc., URL: http://www.hartzellprop.com, cited on 25 April, 2013.

[13] Truong, A. & Papamoschou, D., 2013, Aeroacoustic Testing of Open Rotors at Very Small Scale, AIAA-2013-0217.

[14] Brandt, J.B. & Selig, M.S., 2011, Propeller Performance Data at Low Reynolds numbers, AIAA-2011-1255.

[15] Mankins, J. C., 1995, Technology Readiness Levels – a white paper, NASA, 6 Apr 1995.

[16 SABIC, 2013, Innovative Plastics LITHWEIGHT+ COMPLIANT Next Generation Solutions for Aircraft Designers, SABIC-PLA-4036-EN.

[17] STRATASYS Ltd., 2012, Objet Materials Data Sheets - VeroGray RGD850.

[18] Boxprop, a forward-swept joined-blade propeller Richard Avellán & Anders Lundbladh
GKN Aerospace Sweden SE-46181 Trollhättan, Sweden

[19]Werner Nachtigall (2002) Bionik. Grundlagen und Beispiele für Ingenieure und Naturwissenschaftler. Springer Berlin Heidelberg New York ISBN 3-540-43660

[20]   Rechenberg,-I.: Evolutionsstrategie. Stuttgart, Friedrich Frommann Verlag, 1973.

[21]   DE3330899 (A1) 1985-03-14. Arrangmt.for increasing the speed of a gas or liquid flow.

[22]http://www.bionik.tu-berlin.de/institut/s2foshow/show.php?show=BerwSpul

[23]http://www.bionik.tu-berlin.de/institut/xs2foshow/list.html (Aufruf 01042018)

[24]http://www.bionik.tu-berlin.de/ (Aufruf 01042018)

[25] Jakob Jelling: Geschichte des Kitesurfens; Kitesurfingnow.com

[26] Peter Lynn: Kurze Geschichte des Kitesurfens; Aquilandia.com

[27] Samuel Franklin Codys Man-Lifting Kite, www.design-technology.org,

[28] http://www.skywing.de/

[29] Patent DE2933050, strasilla.de

Graphiken und Bildmaterial:

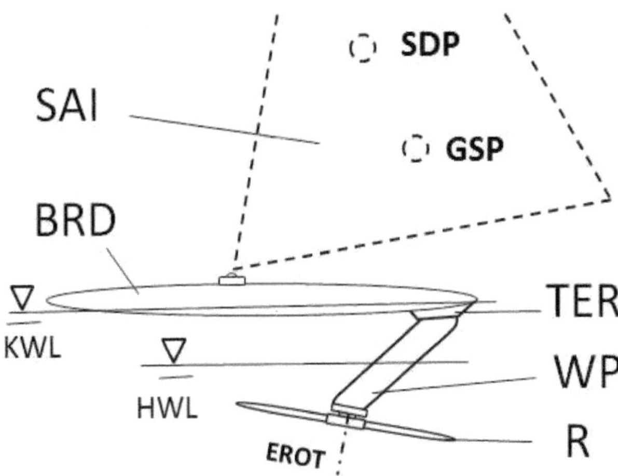

Abb. 1: Schematische Darstellung eines Hydro-Copters zur Anmontage an ein Segelsurfboard. Alle Rechte Michel Felgenhauer 2019.

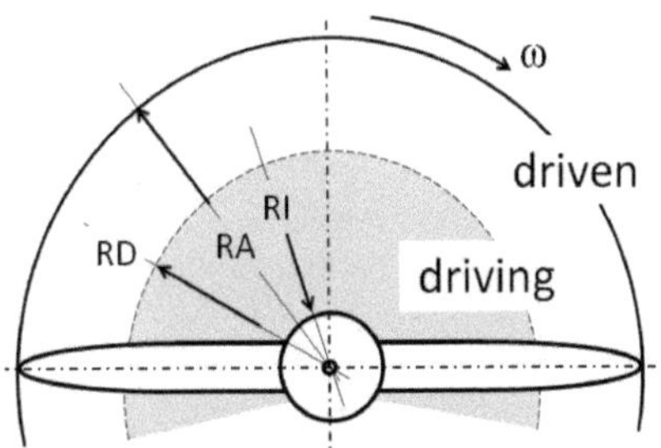

Abb. 2: Zweizonenmodell für ein aerodynamisches Gyrocopter-Flugsystem nach Duda. Alle Rechte Michel Felgenhauer 2019.

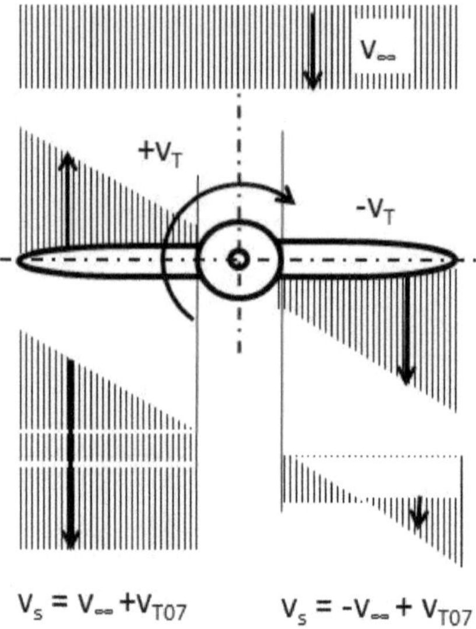

Abb.3:
Superposition der Geschwindigkeits-komponenten an einem in Hauptfahr-richtung bewegten Rotationssystem. Alle Rechte Michel Felgenhauer 2019.

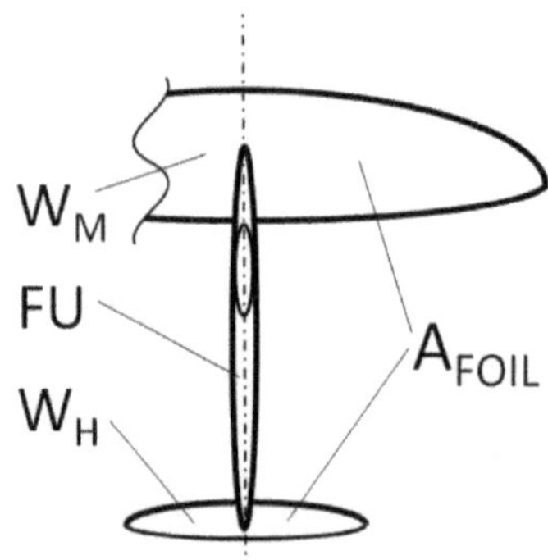

Abb.4:
Schematische Darstellung eines Surf-Foil-Tragflächensystems mit Hauptflügel W_H, dem stabilisierenden Leitwerk W_H und dem Rupf FU (Fuselage) in der Draufsicht. Die gesamte wirsame Tragflügelfläche bemisst sich bei allen rezenten Segelsurfsystemen in einer der Größenordnung um $A_{FOIL} < 0.2\ m^2$. Alle Rechte Michel Felgenhauer 2019.

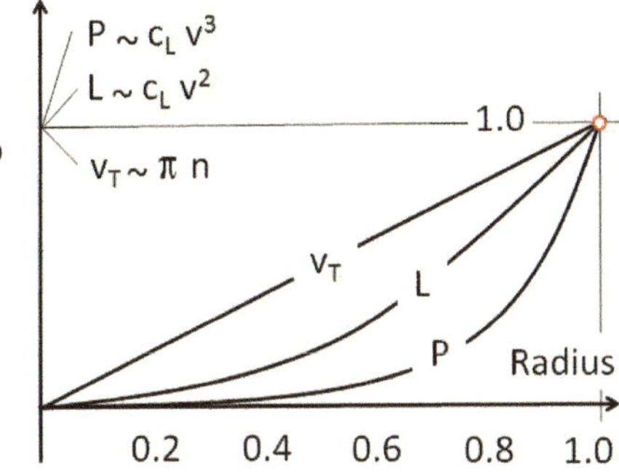

Abb.5: Tangentialgeschwindigkeit, Lift und Liftleistung in generalisier-ten Koordinaten. Alle Rechte Michel Felgenhauer 2019.

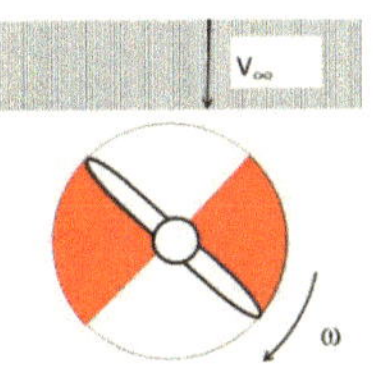

Abb.6: Alle Rechte Michel Felgenhauer 2019.

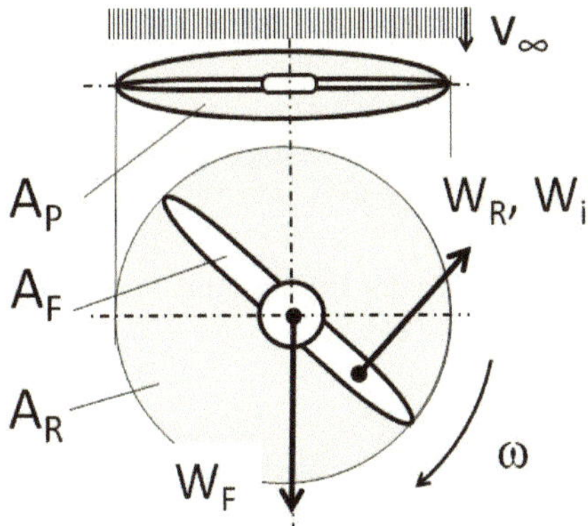

Abb.7: Widerstandskomponenten des Rotors, ihre Lage, Richtung und Ort; relevante Flächen. Alle Rechte Michel Felgenhauer 2019.

Fußnotenzitate

[1] Holger Duda, Insa Pruter (2012) FLIGHT PERFORMANCE OF LIGHTWEIGHT GYROPLANES, in 28TH INTERNATIONAL CONGRESS OF THE AERONAUTICAL SCIENCES , German Aerospace Center, Institute of Flight Systems, Braunschweig / holger.duda@dlr.de ; insa.pruter@dlr.de

[1] Geschwindigkeit [kn] = Anzahl der Meridiantertien [mtr]/gemessene Zeit [s] //60 Bogensekunden entsprechen einer Bogenminute, damit einer Seemeile (1 Seemeile = 1852 m, auf ganze Meter gerundet, nach DIN keine gesetzliche Maßeinheit). Ein Knoten ist die Geschwindigkeit von 1 Seemeile pro Stunde. 1 Meridiantertie [mtr] = 1 Sekunde [s] * 1 Knoten [kn] = 1 Sekunde [s] * 1852 m / 3600 s.
1 Knoten [kn] = 0.51444444 m/s, also 1 Knoten [kn] = 1 Meridiantertie [mtr] / 1 Sekunde [s] = 0,514 m/s

[1] Siehe auch: Surf-Magazin (6 Juni 2019) Delius Klasing Verlag GmbH. S. 35 ff. https://www.delius-klasing.de/impressum

[1] Ludwig Prandtl (* 4. Februar 1875 in Freising; † 15. August 1953 in Göttingen) war ein deutscher Ingenieur. Er lieferte bedeutende Beiträge zum grundlegenden Verständnis der Strömungsmechanik und entwickelte die Grenzschichttheorie. https://de.wikipedia.org/wiki/Ludwig_Prandtl

[1] https://de.wikipedia.org/wiki/Tragschrauber

[1] Der Focke-Achgelis Fa 330 „Bachstelze" war ein motorloser Kleintragschrauber, der für den Einsatz auf U-Booten und Schiffen bestimmt war. https://de.wikipedia.org/wiki/Focke-Achgelis_Fa_330

[1] Die AutoGyro GmbH ist Weltmarktführer in der Entwicklung, Produktion und im Vertrieb von Tragschraubern. Gründung 1999. https://www.auto-gyro.com/Unternehmen/

[1] The Pitcairn PCA-2 was an autogyro developed in the United States in the early 1930s. It was Harold F. Pitcairn's first autogyro design to sell in quantity. It had a conventional design for its day – an airplane-like fuselage with two open cockpits in tandem, and an engine mounted tractor-fashion in the nose. The lift by the four-blade main rotor was augmented by stubby, low-set monoplane wings that also carried the control surfaces.[2] The wingtips featured

considerable dihedral that acted as winglets for added stability.
https://en.wikipedia.org/wiki/Pitcairn_PCA-2

[1] Das Betzsche Gesetz stammt von dem deutschen Physiker Albert Betz (1885–1968). Er formulierte es erstmals im Jahr 1919. Sieben Jahre später erschien es in seinem Buch Wind-Energie und ihre Ausnutzung durch Windmühlen. Der britische Ingenieur Frederick W. Lanchester (1868–1946) publizierte schon 1915 ähnliche Überlegungen. Das Gesetz besagt, dass eine Windkraftanlage maximal 16/27 (knapp 60 Prozent) jener mechanischen Leistung, die der Wind ohne den bremsenden Rotor durch dessen Projektionsfläche (Rotorfläche, Erntefläche, Wirkscheibe senkrecht zur Windrichtung) transportieren würde, in Nutzleistung umwandeln kann. https://de.wikipedia.org/wiki/Betzsches_Gesetz

[1] Der gesamte Modellansatz wurde geprüft und von einem Fachkollegen evaluiert.
[1] Angabe der Rauigkeit k in [m]. Es gilt als glatt: k= 0,001[mm] = 10^{-3} [mm] = 10^{-6} [m].

[1] gemäß elliptischer Auftriebsverteilung nach Prandtl.

[1] Einfälle statt Abfälle, Christian Kuhtz, Hagebuttenstr. 23, 24113 Kiel. Z.B. Windrad selber bauen, Sonnenenergie nutzen, Komposttoilette bauen, Öfen selbst bauen, Müsli-Quetsche bauen, Öko-Sanierung, Abwärme-Ofen bauen, Dörren mit Sonne, Solaranlage selber bauen, Windrad aus Waschmaschine bauen … usw. https://einfaellestattabfaelle.wordpress.com/einfaelle-statt-abfaelle-heftreihe-windkraft/1-windkraft-ganz-einfach/ siehe auch: G. Goettle(2009), ZU BESUCH BEI EINEM SPARSAMEN TÜFTLER, https://taz.de/!573480/

®Alle Bilder, Graphiken und Skizzen sind frei von Rechten Dritter. Alle Berechnungen wurden mit Code aus dem Programmsystem SciLab V.: 5.5.2. (2019) ausgeführt.
Weitere Informationen, mailto: mifelgenhauer@bmoto.de

Michel Felgenhauer ist das Pseudonym des Bionikers Michael Dienst aus Wiesbaden. Ich lebe und arbeite in Berlin, bin Sprecher der Bionic Research Unit der Beuth Hochschule für Technik Berlin und Dozent für Bionic Engineering am Industrial Design Institut der Hochschule Magdeburg Stendal.
Martha Felgenhauer stirbt 1943 als junge Frau in Ziegenhals, Schlesien. Die sie kannten sagen, wir seien wesensverwandt. Gelegentlich also erzähle ich meiner Großmutter Geschichten aus der fröhlichen Wissenschaft.

Berlin im Juli 2019